Alemayehu Getahun
Mulugeta Kibret
Diriba Muleta

Alimentos e bebidas vendidos na rua

Alemayehu Getahun
Mulugeta Kibret
Diriba Muleta

Alimentos e bebidas vendidos na rua

ScienciaScripts

Imprint

Any brand names and product names mentioned in this book are subject to trademark, brand or patent protection and are trademarks or registered trademarks of their respective holders. The use of brand names, product names, common names, trade names, product descriptions etc. even without a particular marking in this work is in no way to be construed to mean that such names may be regarded as unrestricted in respect of trademark and brand protection legislation and could thus be used by anyone.

Cover image: www.ingimage.com

This book is a translation from the original published under ISBN 978-3-330-32843-3.

Publisher:
Sciencia Scripts
is a trademark of
Dodo Books Indian Ocean Ltd. and OmniScriptum S.R.L publishing group

120 High Road, East Finchley, London, N2 9ED, United Kingdom
Str. Armeneasca 28/1, office 1, Chisinau MD-2012, Republic of Moldova, Europe
Printed at: see last page
ISBN: 978-620-7-49340-1

Agradecimentos

Antes de mais, gostaria de expressar a minha profunda e sincera gratidão ao meu orientador, Dr. Mulugeta Kibret, por me ter dado a oportunidade de realizar esta investigação. A sua certeza de fornecer as informações necessárias e de ler todo o trabalho em todas as fases, bem como a sua orientação sincera, os seus comentários e as suas sugestões para que este estudo chegasse a esta forma, à custa do seu tempo inestimável, enriqueceram muito o meu desempenho profissional. Em poucas palavras, este trabalho de tese não teria sido concluído sem o seu contributo. Gostaria de agradecer ao Ministério da Educação pela sua orientação intelectual, pelo seu apoio incondicional e, sobretudo, por me ter dado a oportunidade de participar neste programa.

Aproveito ainda esta oportunidade para expressar o meu profundo sentimento e gratidão aos assistentes do laboratório de microbiologia, em especial a Addisu Melese e Yewelsew Kebede, pelo seu apoio durante todo o período que passei na atividade laboratorial. Obrigado pela vossa ajuda na realização deste estudo; tiveram um papel importante no mesmo.

Estou muito grato à Botânica, à Química e ao responsável pelos armazéns da Universidade de Bahir Dar por me terem fornecido o seu destilador e os meios e reagentes de laboratório para efetuar o trabalho de análise laboratorial necessário. Muito obrigado a todos os meus amigos; eles enriqueceram a minha vida com experiências novas, diferentes e boas, que fazem parte da vida, e que tornaram a minha estadia na BDU mais agradável.

Agradeço ao meu tio, o Sr. Wudineh Kassa, o seu apoio financeiro, material e moral durante a minha vida para produzir este trabalho cheio de frutos.

Por último, mas não menos importante, os meus agradecimentos muito especiais, calorosos e profundos à minha família por me ter oferecido o seu amor, apoio e encorajamento perpétuos ao longo da minha vida e, principalmente, durante os últimos 2 anos.

Índice

CAPÍTULO 1   4

CAPÍTULO 2   8

CAPÍTULO 3   21

CAPÍTULO 4   24

CAPÍTULO 5   29

CAPÍTULO 6   34

CAPÍTULO 7   35

RESUMO

Os alimentos vendidos na rua são fontes de refeições facilmente disponíveis para muitas pessoas em todo o mundo, mas a qualidade microbiana e a segurança desses alimentos são sempre incertas. Nos países em desenvolvimento, as principais fontes de doenças de origem alimentar são os alimentos vendidos na rua, uma vez que constituem uma fonte de nutrientes acessível à maioria dos grupos com baixos rendimentos. O objetivo deste estudo foi, portanto, avaliar a qualidade e a segurança das bactérias do molho de carne vendido na rua na cidade de Bahir Dar. Um total de 60 amostras (30 de manhã e 30 à tarde) foram avaliadas para revelar bactérias indicadoras e agentes patogénicos de dezembro de 2010 a junho de 2011, utilizando técnicas bacteriológicas padrão. A contagem média de mesófilos aeróbios de $4,16 \times 10^4$ e $4,71 \times 10^4$ cfu/g foi registada de manhã e à tarde, enquanto a contagem média de coliformes totais e *S. aureus* foi de $4,00 \times 10^4$ e $4,53 \times 10^4$ cfu/g e $3,52 \times 10^4$ e $4,39 \times 10^4$ cfu/g de manhã e à tarde, respetivamente. Apenas a contagem de bactérias mesófilas aeróbias é inferior ao limite recomendado. As cargas microbianas médias são significativamente diferentes de manhã e à tarde ($p < 0,005$). *Salmonella* é detectada em todas as amostras de molho de carne analisadas de manhã e à tarde. A análise bacteriológica das amostras de água indica a contaminação da água com uma carga microbiana média de 2,67 NMP/100 ml de água, o que ultrapassa o limite aceitável de 2,2 NMP/100 ml de água. A lista de verificação observacional da aparência dos vendedores e do ambiente indica uma falta de saneamento pessoal e ambiental e dá um sinal de alerta para a possível ocorrência de contaminação alimentar. O estudo revelou que a contaminação do molho de carne vendido na rua é um possível problema de saúde para os consumidores. Deve ser recomendada a cozedura e o armazenamento adequados dos alimentos processados e a educação dos vendedores sobre o saneamento ambiental e as práticas de manuseamento dos alimentos.

Palavras-chave: Molho de carne, Qualidade microbiana, Práticas sanitárias, Venda ambulante

Autor correspondente: E-Mail: <u>alemayehug2007@gmail.com,</u> P.O. Box: 3434

CAPÍTULO 1

INTRODUÇÃO

Alimento é qualquer substância geralmente composta por hidratos de carbono, gorduras, proteínas e água que pode ser comida e/ou bebida por qualquer animal ou ser humano para nutrição ou prazer. Praticamente todos os alimentos que compramos ou cultivamos são frutas, legumes, carne, cereais, bebidas e sumos caseiros e os produtos lácteos albergam uma variedade de microrganismos (Bukar *et al.*, 2010). A situação económica, as dificuldades sociais e a urbanização, entre outros factores, promovem o crescimento do sector informal da economia, incluindo a venda ambulante de alimentos (Hanashiro *et al.*, 2005). O termo "comida de rua" refere-se a uma grande variedade de alimentos e bebidas prontos a comer, vendidos e preparados na rua e noutros locais públicos semelhantes (Abdalla *et al.*, 2009). Pode ser encontrada onde quer que haja um fluxo intenso de pessoas, uma vez que o seu sucesso de marketing depende exclusivamente da localização e da promoção boca-a-boca (Winarno e Allain, 1991). Estes alimentos podem ser consumidos sem tratamento térmico. Organização Mundial de Saúde (OMS, 1996).

A segurança alimentar é uma das questões mais importantes na comercialização de qualquer tipo de alimento, especialmente carne e seus produtos (Okonko *et al.*, 2010). Existem diferentes tipos de organismos que são conhecidos por causar infecções de origem alimentar. Os agentes bacterianos mais comuns são *Campylobacter, Salmonella, Escherichia coli, Shigella, Staphylococcus* e *Clostridia* (Agbodaze *et al.*, 2005). A carne é um alimento importante e contém uma grande quantidade de proteínas. As superfícies das carnes cortadas suportam o crescimento de um grande número de microrganismos. As carnes moídas oferecem não só a superfície ampla e desejável, mas também a inoculação das carnes com micróbios durante a moagem. A carne contém uma abundância de todos os nutrientes necessários para o crescimento de bactérias, leveduras e bolores (Aslam *et al.*, 2000). Uma observação geral da nossa sociedade mostra um padrão social caracterizado por uma maior mobilidade, um grande número de trabalhadores itinerantes e menos actividades centradas na família ou no lar. Esta situação, no entanto, resultou num maior número de alimentos prontos a comer fora de casa. Assim, os serviços dos vendedores de alimentos aumentaram e a responsabilidade pelas boas práticas de fabrico de alimentos, tais como as boas medidas sanitárias e a manipulação adequada dos alimentos, foi transferida dos indivíduos para os vendedores de alimentos, que raramente aplicam essas práticas (Clarence *et al.*, 2009). Além disso, a maioria dos vendedores de alimentos ignora as boas práticas de manuseamento, expondo os alimentos a condições perigosas, como a contaminação cruzada, o armazenamento inseguro e as más condições de tempo e temperatura (Hanashiro *et al.*, 2005). *Staphylococcus aureus* é a espécie mais importante do grupo, uma vez que algumas estirpes são capazes de causar intoxicação alimentar humana. O reservatório primário é a pele e as membranas mucosas de mamíferos e aves. *S. aureus* é frequentemente isolado de carne moída. Os alimentos vendidos na rua contribuem atualmente de forma significativa para o consumo alimentar de grande parte da população urbana dos países em desenvolvimento. O crescimento fenomenal e a expansão da comida de rua podem ser atribuídos aos importantes benefícios socioeconómicos (por exemplo, o fornecimento de uma variedade de alimentos de baixo custo e a criação de emprego) proporcionados pela comida de rua (Ekanem, 1998). A avaliação da qualidade microbiológica da água pelos serviços de abastecimento de água baseia-se na deteção de *E.coli* e coliformes. A água potável é, a nível mundial, a mais importante fonte de doenças gastroentéricas e uma das principais causas de morbilidade e mortalidade em todo o mundo, principalmente devido à contaminação focal da água bruta, a falhas no processo de tratamento da água ou à recontaminação da água potável tratada (Tamebaker *et al.*, 2008).

Os agentes patogénicos de origem alimentar são a principal causa de doença e morte nos países em desenvolvimento. As mudanças nos hábitos alimentares, a restauração colectiva, as condições inseguras de armazenamento dos alimentos e as más práticas de higiene são as principais causas potenciais de doenças de origem alimentar. Na Etiópia, o hábito generalizado de consumo de carne de vaca crua é uma causa potencial de doenças de origem alimentar, para além dos factores comuns como a sobrelotação, a pobreza, as condições sanitárias inadequadas e a higiene pessoal (Haimanot *et al.*, 2010). Na Etiópia, vários alimentos foram relatados como portadores de agentes patogénicos e o uso generalizado de tais itens alimentares no país precisa de gerar dados sobre a carga microbiana e a segurança dos alimentos de rua. A comida de rua invadiu áreas de atividade económica intensa e de grande concentração populacional. Os alimentos de origem animal são considerados como as principais fontes de salmonelose de origem alimentar (Bayleyegn *et al.*, 2003). Apesar das vantagens socioeconómicas oferecidas pela comida de rua, existem também vários perigos para a saúde associados a este sector da economia. Os vendedores ambulantes preparavam os alimentos a partir de matérias-primas de qualidade duvidosa, a água era de qualidade higiénica questionável, não dispunham de instalações para a eliminação de águas residuais e utilizavam utensílios sujos, desconhecendo a importância básica da limpeza pessoal (Muleta e Ashenafi, 2001).

A qualidade microbiológica dos alimentos, da água potável e dos utensílios nas comidas de rua também estava acima dos requisitos padrão. Este facto é confirmado por um estudo de Milkiyas *et al.,* (2011) que encontrou uma contaminação de vários indicadores microbiológicos. Esta falta de higiene pessoal, as práticas de manuseamento e o ambiente circundante existiam em muitas partes de Bahir Dar, especialmente nos locais públicos, como a área de venda de comida de rua. Esta sensibilização para as práticas de higiene era essencial para melhorar e promover a saúde das pessoas. Assim, nesta investigação, foi estudada a qualidade bacteriológica dos alimentos prontos a comer (molho de carne) e as práticas de higiene com o consumo de água na cidade de BahirDar.

O objetivo geral do estudo era investigar a qualidade microbiológica do molho de carne vendido na rua na cidade de Bahir Dar.

Os objectivos específicos desta investigação foram os seguintes

❖ Determinar a carga total de bactérias mesófilas aeróbias e coliformes do molho de carne.

* Quantificar o número de *Staphylococcus aureus* do molho de carne

* Detetar a presença ou ausência de *Salmonella*.

* Examinar a qualidade bacteriológica da água utilizada na preparação dos
alimentos

* Avaliar as práticas de higiene e manipulação dos manipuladores de alimentos.

CAPÍTULO 2

REVISÃO DA LITERATURA

2.1. Microbiologia da carne

A segurança alimentar é uma questão complexa, em que as proteínas animais, os produtos à base de carne, o peixe e os produtos da pesca são geralmente considerados como produtos de alto risco no que diz respeito ao conteúdo de agentes patogénicos, toxinas naturais e outros possíveis contaminantes e adulterantes (Okonko *et al.*, 2010). As infecções e doenças de origem alimentar constituem um importante problema de saúde a nível internacional, com a consequente redução económica. É uma das principais causas de doença e morte em todo o mundo. Reconhecendo este facto, a Organização Mundial de Saúde (OMS) desenvolveu a sua estratégia global para a segurança alimentar. No mundo em desenvolvimento, as infecções de origem alimentar provocam a morte de muitas crianças e a doença diarreica resultante pode ter efeitos a longo prazo. As doenças de origem alimentar resultam da ingestão de bactérias, toxinas e células produzidas por um microrganismo presente nos alimentos (Clarence *et al.*, 2009). A carne é o mais perecível de todos os alimentos importantes, uma vez que contém nutrientes suficientes para suportar o crescimento de microrganismos. Os principais constituintes da carne são a água, as proteínas e as gorduras, o fósforo, o ferro e as vitaminas (Okonko *et al.*, 2010). A principal unidade primária da carne é denominada carcaça. Representa a carne ideal depois da cabeça, do couro, do intestino e do sangue. As partes comestíveis da carcaça incluem a carne magra, a carne gorda e as glândulas ou órgãos comestíveis, como o coração, o fígado, o rim, a língua e o cérebro. A carne é considerada a fonte de proteínas mais nutritiva consumida pelos seres humanos. A idade e o sexo do animal têm a maior influência na qualidade da carne que é produzida pelos animais (Rao *et al.*, 2009). A elevada atividade da água (0,99) e o teor de proteínas da carne e de outros constituintes solúveis em água fazem da carne e dos seus produtos um meio adequado para o crescimento de microrganismos. O próprio animal, o ambiente e as condições de processamento têm influência na diversidade da microflora destes produtos. Assim, a carne e os seus produtos são susceptíveis de se deteriorarem e estão envolvidos na transmissão de microrganismos patogénicos como a *Salmonella* e o *S. aureus* (Rantsiouck *et al.*, 2008). Considera-se que a carne está estragada quando é imprópria para consumo humano. As carnes estão sujeitas a alterações pelas suas próprias enzimas, pela ação microbiana e a sua gordura pode ser oxidada quimicamente.

Os microrganismos crescem na carne causando alterações visuais, texturais e organolépticas quando libertam metabolitos (Okonko *et al.,* 2010).

Entre os factores que afectam o crescimento microbiano na carne encontram-se as propriedades intrínsecas (propriedades físicas e químicas da carne) e os factores ambientais extrínsecos. No entanto, os factores que têm maior influência no crescimento de microrganismos na carne e nos produtos à base de carne são as temperaturas de armazenamento, a humidade e a disponibilidade de oxigénio (Rombout e Nout, 1994). Outra condição que pode surgir é a intoxicação alimentar, em que os agentes patogénicos crescem nos alimentos e produzem toxinas que podem afetar o consumidor dos alimentos (Prescott *et al.*, 2008). Os perigos microbiológicos de origem alimentar podem ser responsáveis pelo maior número possível de casos de doença todos os anos, constituindo assim um importante desafio para a segurança alimentar. Para reduzir a incidência de doenças transmitidas por alimentos, muitos especialistas e partes interessadas apelam ao desenvolvimento de um sistema de segurança alimentar baseado na ciência e no risco, no qual os decisores priorizam os perigos e a intervenção usando os melhores dados disponíveis sobre a distribuição e redução do risco (Batz *et al.*, 2005). A venda de alimentos na rua é muito controversa do ponto de vista da saúde, porque as más práticas de higiene associadas a essa preparação de alimentos tendem a representar riscos significativos para a saúde. Quando os alimentos de rua são classificados por composição, aqueles que têm uma origem animal são os que apresentam os maiores riscos (Arambulo *et al.*, 1994). A conservação da carne, enquanto alimento perecível, é geralmente efectuada através de uma combinação de métodos de conservação que prolongam consideravelmente a qualidade de conservação da carne, pelo que, para aumentar a garantia da qualidade da carne de acordo com a avaliação da carga microbiana, é considerada necessária (Okonko *et al.*, 2010). Foi referido que as bactérias gram-negativas são responsáveis por aproximadamente 69% dos casos de doenças bacterianas de origem alimentar (Clarence *et al.*, 2009). As possíveis fontes destas bactérias são provavelmente provenientes da pele do animal do qual a carne foi obtida. Outras fontes potenciais de contaminações microbianas são o equipamento utilizado para cada um, o vestuário e as mãos do pessoal e as instalações físicas (Rombouts e Nouts, 1994). A Etiópia possui um grande número de pequenos ruminantes, cerca de 24 milhões de ovelhas e 18 milhões de cabras. Os ovinos e caprinos cobrem mais de 30% de todo o consumo doméstico de carne e geram rendimentos monetários a partir da exportação de carne e órgãos comestíveis (Ejeta *et al.*, 2004). *As salmonelas de* origem alimentar surgem frequentemente na sequência do consumo de produtos de origem animal contaminados, que resultam geralmente de animais infectados utilizados na produção de alimentos ou da contaminação das carcaças ou dos órgãos comestíveis (Alemayehu *et al.*, 2002). Os procedimentos de abate envolvem potencialmente muitos riscos de contaminação direta e cruzada das carcaças e das superfícies da carne. Quando as carnes são cortadas em pedaços, mais microrganismos são adicionados às superfícies dos tecidos expostos. As carnes cruas, particularmente as carnes picadas, têm contagens totais muito elevadas de microrganismos e é provável que *a Salmonella* esteja presente em grande número (Tegegne e Ashenafi, 1998).

2.1.1. Mecanismos de deterioração da carne

É razoável assumir que os métodos fiáveis de determinação da deterioração da carne devem basear-se nas causas e mecanismos de deterioração. Está bem estabelecido que a deterioração de carnes a baixa temperatura é acompanhada pela produção de compostos de cor estranha, tais como amoníaco, H_2S, indol e aminas (James, 2000). A deterioração da carne continua a ser um desafio sério nos países em desenvolvimento.

Este facto deve-se a sistemas de armazenamento deficientes nesses países, onde não existem instalações necessárias que possam ajudar a promover a conservação. O prazo de validade e a manutenção da qualidade da carne são influenciados por um certo número de factores inter-relacionados, incluindo a temperatura de conservação, que pode resultar em alterações prejudiciais nos atributos de qualidade da carne. A deterioração por crescimento microbiano é o fator mais importante em relação à qualidade de conservação da carne (Olusegun *et al.*, 2011). Há muito que a carne é considerada um alimento altamente desejável e nutritivo, mas, infelizmente, é também altamente perecível porque fornece os nutrientes necessários para suportar o crescimento de muitos tipos de microrganismos. Devido à sua natureza biológica e química única, a carne sofre uma deterioração progressiva desde o momento do abate até ao consumo. Em geral, a atividade metabólica da associação microbiana efémera que prevalece num ecossistema de carne sob certas condições aeróbicas, ou geralmente introduzida durante o processamento, leva à manifestação de alterações (Nychas *et al.*, 2008). As alterações ou a deterioração estão relacionadas com (1) o tipo, a composição e a população da associação microbiana e (2) o tipo e a disponibilidade de substratos energéticos na carne. De facto, o tipo e a extensão da deterioração são regidos pela disponibilidade de compostos de baixo peso molecular (por *exemplo,* glicose, lactato) existentes na carne (Olusegun *et al.*, 2011).

2.1.2. Segurança dos produtos à base de carne vendidos na rua

Os regulamentos de segurança alimentar publicados em julho de 1996 marcam uma nova abordagem para garantir a segurança dos produtos à base de carne e de aves de capoeira. De acordo com o novo regulamento, o governo exige que os processadores de carne implementem um plano de Análise de Perigos e Pontos Críticos de Controlo (HACCP), realizem testes periódicos para deteção de agentes patogénicos microbianos e reduzam a incidência de agentes patogénicos. Assim, a intenção do regulamento era promover uma afetação de recursos mais eficiente na melhoria da segurança alimentar (Helen *et al.*, 1998). A segurança dos alimentos está a tornar-se um tema dominante na comunidade de investigação e desenvolvimento agrícola devido (1) às suas ligações com a segurança alimentar nacional, o desenvolvimento agrícola e rural e o comércio agrícola internacional (2) aos recentes avanços na biologia molecular e na biotecnologia. A segurança alimentar é uma das principais preocupações da FAO e da OMS. A FAO define-a como a garantia de que os alimentos não causarão danos ao consumidor quando forem preparados e/ou consumidos de acordo com a utilização prevista. A OMS fala em termos de doença de origem alimentar, definida como uma doença geralmente de natureza infecciosa ou tóxica, causada por agentes que entram no corpo através da ingestão de alimentos. A segurança da comida de rua é um aspeto importante no domínio da segurança nutricional. As questões de segurança alimentar têm sido a intervenção mais procurada no domínio da nutrição em todo o mundo. A consciencialização e o interesse dos consumidores pela segurança alimentar são importantes para garantir a boa saúde e a segurança das populações domésticas (Sunita, 2004, 2007).

A segurança da comida de rua é uma consideração importante, que merece e tem recebido uma atenção considerável. O principal perigo para a saúde associado à comida de rua é a contaminação microbiana, mas os pesticidas, os resíduos, a transmissão de parasitas, o uso de aditivos químicos não permitidos e a contaminação ambiental também foram identificados como possíveis perigos (Arambulo *et al.*, 1994). O risco de contaminação varia muito com o tipo de comida de rua e com a forma como os alimentos são preparados. Geralmente, os cereais e os produtos de padaria com baixo teor de humidade, os produtos que foram adequadamente açucarados, salgados ou acidulados e alguns produtos fermentados suportam menos facilmente o crescimento bacteriano do que os produtos lácteos, ovos e carne (OMS, 1992).

2.2. *Avaliação da segurança alimentar e das práticas de manuseamento na venda ambulante de alimentos*

A alimentação elaborada com padrões de higiene satisfatórios é uma das condições essenciais para a promoção e preservação da saúde, sendo o controlo inadequado um dos factores responsáveis pela ocorrência de surtos de doenças de origem alimentar

(Mohamed *et al.*, 2009). Os métodos tradicionais de processamento que são utilizados na preparação, as temperaturas de conservação apreciadas e a falta de higiene pessoal dos manipuladores de alimentos são algumas das principais causas de contaminação dos alimentos vendidos na rua. Os consumidores que dependem desses alimentos estão mais interessados na sua conveniência e normalmente prestam pouca atenção à sua segurança, qualidade e higiene (Tambekar *et al.*, 2008). Os municípios e as autoridades têm dificuldade em controlar o grande número de operações de venda ambulante, principalmente devido à sua diversidade, mobilidade e natureza temporária. Embora nos países em desenvolvimento o sector informal de venda de alimentos tenha crescido nos últimos anos, tornando-se um comércio lucrativo que compete com o sector normal, a ignorância em relação ao conhecimento inadequado das práticas de manipulação de alimentos, juntamente com a falta de educação normal, tem prevalecido nos manipuladores (Lues *et al.*, 2006).

A falta de higiene pessoal dos manipuladores de alimentos contribui frequentemente para o surto de doenças de origem alimentar causadas por *S. aureus* e bacilos gram-negativos como *Salmonella, Shigella, Campylobacter jijuni, E. coli*, bem como agentes virais como a hepatite A (Mohammed *et al.*, 2009). A importância da higiene das mãos no controlo das infecções não pode ser subestimada. A maior parte dos manipuladores de alimentos vendidos na rua em África e no mundo em desenvolvimento em geral não têm conhecimento das questões básicas de segurança alimentar. Consequentemente, os alimentos de rua estão normalmente expostos a abusos perigosos, muitas vezes em todas as fases de manuseamento (Abdalla *et al.*, 2008). A lavagem das mãos, utensílios e pratos é frequentemente efectuada em baldes ou bacias. O risco para a saúde colocado pela comida de rua em vários países deve-se frequentemente a práticas sanitárias deficientes durante a preparação e a venda (Arambulo *et al.*, 1994). Os alimentos prontos a comer, como a carne, significam que, em circunstâncias normais, o consumidor não submete o alimento a tratamentos adicionais que poderiam servir para reduzir os níveis de contaminação antes do consumo. Assim, as comidas de rua são vistas como um grande risco para a saúde pública, porque na maioria dos casos, os alimentos são preparados em condições insalubres por pessoas que não têm formação em técnicas correctas de manuseamento de alimentos. Os microrganismos presentes na pele humana podem ser divididos em dois grupos: permanentes e transitórios, e o único microrganismo patogénico do grupo permanente de bactérias associadas à pele humana é o *S. aureus*. O conhecimento da segurança alimentar estabelecido entre os vendedores de comida de rua inquiridos relativamente à contaminação dos alimentos, tipos e sintomas de doenças alimentares foi significativo, uma vez que foram isolados vários microrganismos da comida de rua (Abdalla *et al.*, 2009). Não é possível fixar um nível de contaminação aceitável para *S. aureus* após a lavagem correcta das mãos. A deteção e enumeração de organismos indicadores são amplamente utilizadas para avaliar a eficácia dos programas de saneamento. Os organismos indicadores associados às práticas de higiene incluem, entre outros, contagens totais variáveis, coliformes totais, *E. coli* membros da família Enterobacteriaceae e *S. aureus* (Aycicek *et al.*, 2004). A comida vendida na rua provoca graves surtos de intoxicação alimentar devido ao uso impróprio de aditivos, à presença de bactérias patogénicas, a contaminantes ambientais e a práticas impróprias de manuseamento de alimentos baseadas no desrespeito das práticas de fabrico de alimentos (BPF) e das boas práticas de higiene (BPH) (Barro *et al.*, 2007).

Na África do Sul e noutros países em desenvolvimento onde a venda de comida na rua é comum, tem havido pouca informação sobre a incidência de doenças relacionadas com a comida de rua. Isto tem levantado muitas preocupações porque as condições em que os vendedores de comida de rua operam são geralmente inadequadas para a preparação e venda de alimentos (Bryan *et al.*, 1988; Ekanem, 1998; Mosupye e von Holy, 1999). Na maioria dos casos não há água corrente disponível nos locais de venda e a lavagem das mãos e da loiça é geralmente feita num ou mais baldes ou panelas de água sem sabão. As águas residuais e o lixo são descartados nas ruas, servindo de alimento e abrigo para insectos e roedores. Os alimentos não são normalmente protegidos de forma eficaz contra moscas, que podem albergar agentes patogénicos de origem alimentar, e é difícil manter as temperaturas de armazenamento dos alimentos em segurança (Mosupye e von Holy, 2000). Os estudos de análise de perigos e pontos críticos de controlo (HACCP) sobre a venda ambulante de alimentos nos países em vias de desenvolvimento revelaram uma elevada correlação entre os longos períodos de conservação à temperatura ambiente e as elevadas contagens de bactérias, apesar de os alimentos terem sido cozinhados a temperaturas suficientemente elevadas para matar as formas vegetativas da maioria das bactérias (Bryan *et al.*, 1997). Assim, existem riscos potenciais para a saúde associados à contaminação inicial dos alimentos crus com bactérias patogénicas, bem como à contaminação subsequente por parte dos vendedores durante a preparação e através da manipulação pós-cozedura e da contaminação cruzada. As doenças de origem alimentar são comuns em países em desenvolvimento como a Etiópia, devido às más práticas de manuseamento e saneamento dos alimentos. Um abastecimento adequado de alimentos seguros, saudáveis e sãos é essencial para a saúde e o bem-estar dos seres humanos (Kinfe e Abera, 2007).

No entanto, por vezes, os próprios alimentos podem constituir uma ameaça para a saúde. O consumo de alimentos contaminados ou não seguros pode resultar em doença, também designada por doença de origem alimentar. O problema é mais frequente nos países em desenvolvimento devido às dificuldades em garantir práticas de manuseamento dos alimentos com a máxima higiene. Nos países em desenvolvimento, estima-se que cerca de 70% dos casos de doença diarreica estejam associados ao consumo de alimentos contaminados. Não existem estatísticas fiáveis sobre as doenças de origem alimentar devido a sistemas de notificação deficientes ou inexistentes na maioria dos países em desenvolvimento (Kinfe e Abera, 2007). Na Etiópia, os dados sobre as condições de saneamento e os efeitos sobre a saúde em Zeway indicaram que as condições sanitárias precárias prevalecentes nos estabelecimentos de restauração colectiva, a falta de limpeza, as instalações sanitárias inadequadas e a gestão incorrecta dos resíduos eram características comuns dos estabelecimentos de restauração nestes locais. Estes estabelecimentos normalmente não têm instalações adequadas para lavar os utensílios nem para os clientes lavarem as mãos (Fessiha *et al.*, 1999). As práticas de manuseamento, preparação e serviço dos alimentos são outros factores importantes para determinar a segurança dos alimentos. As condições dos utensílios de cozinha, os sistemas de armazenamento de alimentos (tempo e temperatura), bem como os conhecimentos e práticas dos manipuladores de alimentos afectam a segurança alimentar de forma direta ou indireta

2.3. Fontes de contaminação bacteriana

Um aspeto inegável da venda de comida de rua é o potencial para causar doenças na população, devido às dificuldades inerentes à garantia de que os alimentos são preparados e vendidos em condições de higiene (Ollivierra e Badrie, 2007). Estes incluem a contaminação através da água, ambiente, equipamento de processamento de alimentos, superfícies de contacto com os alimentos, ingredientes e, mais importante, os manipuladores de alimentos (Bukar *et al.*, 2010).

2.3.1. Práticas de manuseamento

O termo higiene refere-se geralmente à limpeza e especialmente a qualquer prática que leve à remoção ou redução de agentes infecciosos nocivos. Um estudo realizado nos EUA sugeriu que a falta de práticas correctas de manuseamento de alimentos em estabelecimentos que servem alimentos contribuiu para 97% das doenças de origem alimentar (Mohamed *et al.*, 2009). A prática de manuseamento nas áreas de preparação de alimentos, por conseguinte, proporciona uma oportunidade de contaminação cruzada de bactérias para alimentos prontos a comer. As análises microbiológicas das mãos dos trabalhadores foram feitas para alguns microrganismos, incluindo contagens de placas mesófilas aeróbias e alguns agentes patogénicos alimentares revelaram a possibilidade de contaminação cruzada da carne de vaca assada pelas mãos dos trabalhadores durante as operações de corte (Sousa, 2008). As causas das práticas incorrectas de manuseamento podem estar relacionadas com a falta de instalações ou com a falta de conhecimentos sobre hábitos de higiene. A lavagem das mãos antes da preparação dos alimentos e o contacto com os alimentos com as mãos desprotegidas era comum. A maioria dos manipuladores de alimentos dos vendedores de rua nos países subdesenvolvidos e no mundo em desenvolvimento em geral ignoram em grande medida as questões básicas de segurança alimentar (van Kampen *et al.*, 1998). A manipulação não higiénica dos alimentos é um grande perigo para a saúde pública. O efeito dos conhecimentos básicos de higiene sobre as práticas de higiene identifica as áreas específicas de ênfase no desenvolvimento e entrega de mensagens de comunicação de risco de segurança alimentar eficazes para os consumidores (Sousa, 2008). O reservatório primário de *S. aureus* é a pele e as membranas mucosas de mamíferos e aves. *O S aureus* é frequentemente isolado da carne moída e a contaminação inicial ocorre durante o abate. As deficiências de higiene não podem ser compensadas durante o processo de produção posterior e, por conseguinte, as mãos dos trabalhadores estabelecem a contaminação das superfícies dos alimentos (Podpecan *et al.*, 2007). A presença de *Salmonella* e *Shigella* em alguns alimentos representa um sério perigo para os consumidores. Estes aspectos foram observados na maioria dos vendedores de comida de rua (Muleta e Ashenafi, 2001). Isto provavelmente torna a comida de rua a fonte da maioria das doenças causadas por bactérias e outros microorganismos. Na Etiópia, as práticas de manuseamento, preparação e serviço dos alimentos são outros factores importantes para determinar a segurança dos alimentos (Kinfe e Abera, 2007).

2.3.2. Matérias-primas

Os alimentos são susceptíveis de contaminação em todas as fases da cadeia alimentar. As matérias-primas são importantes para a segurança dos alimentos vendidos na rua devido aos perigos biológicos, químicos e físicos que podem ser introduzidos na operação de venda e processamento (OMS, 1996). A má qualidade das matérias-primas e dos produtos alimentares é ainda mais prejudicada pelo facto de as operações de venda ambulante geralmente não possuírem as instalações necessárias para manter os alimentos dentro de intervalos de temperatura adequados durante longos períodos. Como resultado, os microorganismos atingem concentrações suficientemente elevadas para produzir doenças de origem alimentar (Arambulo *et al.*, 1994). A matéria-prima utilizada para a comida de rua e as práticas de manuseamento na preparação da comida de rua podem causar problemas de saúde (van Kampen *et al.*, 1998). As principais fontes que contribuem para a contaminação microbiana são o local de preparação, os utensílios para cozinhar e os alimentos e a higiene pessoal dos vendedores. Os vendedores devem comprar matérias-primas de qualidade superior, uma vez que a preparação e/ou transformação não aumentam quantitativamente o teor de nutrientes. As matérias-primas devem ser compradas de fontes fiáveis (Ohiokpehai, 2003). A carne crua contém bactérias nocivas que se podem propagar facilmente a tudo o que toca, incluindo outros alimentos, bancadas de trabalho, tábuas de cortar e facas. É importante manter a carne crua afastada de outros alimentos prontos a consumir. Vários investigadores afirmaram que os vendedores ambulantes preparavam os alimentos a partir de matérias-primas de qualidade duvidosa, cozinhadas ou armazenadas em utensílios baratos, a água de qualidade higiénica questionável, a falta de meios para a eliminação de resíduos e a utilização de utensílios sujos com falta de qualidade básica de higiene (Muleta e Ashenafi, 2001). Qualquer ingrediente não processado (cru) pode conter agentes patogénicos ou micróbios de deterioração, por *exemplo,* leite, carne e legumes. Por isso, é muito importante obter matérias-primas de alta qualidade e estabelecer métodos rápidos para determinar a qualidade do material. É de salientar que os ingredientes devem ser separados dos produtos acabados (Sunita, 2007).

2.3.3. Qualidade da água

A água é uma matéria-prima crítica em muitas operações de venda de comida de rua. Um dos problemas mais cruciais na venda de comida de rua é o fornecimento de água de qualidade aceitável e em quantidades insuficientes para beber, lavar, limpar e outras operações (OMS, 1996). As condições em que a comida de rua é preparada e terminada levantam muitas preocupações para a saúde dos consumidores. Na maioria dos casos, não existe água corrente nos locais de venda, pelo que a lavagem das mãos e da loiça é geralmente feita nos baldes e sem sabão. As águas residuais e o lixo são descartados nas proximidades, fornecendo nutrientes para insectos e roedores (Tambekar *et al.,* 2008). Além disso, raramente há instalações sanitárias disponíveis. Isto obriga os vendedores a deitar fora os dejectos corporais em locais escondidos nas proximidades e, muitas vezes, a regressar ao negócio sem lavar bem as mãos, o que deixa muito a desejar do ponto de vista do saneamento geral. Também é verdade que os vendedores ambulantes raramente têm acesso a água corrente segura para cozinhar, lavar utensílios e talheres, fazer a higiene pessoal e preparar bebidas, gelo e produtos gelados. Como consequência, a água utilizada é geralmente considerada a fonte mais importante de contaminação dos alimentos (Arambulo *et al.*, 1994).

A água utilizada para lavar os utensílios, os alimentos e as mãos deve ser segura e não deve ser reutilizada, na medida do possível, e a água corrente também deve estar disponível para este efeito. A água quente, quando disponível, torna a limpeza e a lavagem mais fáceis e mais eficazes, mas não está geralmente ao alcance dos vendedores ambulantes (OMS, 1996). Um inquérito realizado em algumas zonas da Colômbia revelou que 98% dos vendedores ambulantes estudados não tinham acesso a um abastecimento adequado de água potável e situações semelhantes parecem prevalecer noutros países. De facto, os vendedores ambulantes utilizam normalmente a mesma água ao longo do dia, sem a mudar uma única vez. Assim, permitem a acumulação de quantidades substanciais de matéria orgânica dissolvida e constituem um meio de cultura ideal para as bactérias (Arambulo *et al.*, 1994).

2.3.4. Contaminação cruzada

A contaminação cruzada durante a preparação dos alimentos foi identificada como um fator importante associado às doenças de origem alimentar. O manuseamento incorreto e o desrespeito pelas medidas de higiene por parte dos vendedores podem resultar na contaminação dos alimentos e nas suas consequências (Sousa, 2008). Os alimentos de rua estão expostos a várias formas de contaminação em todas as fases de manipulação e a exposição a ambientes pouco higiénicos são factores cruciais de infeção e contaminação (Ologhobo *et al.*, 2010). Os alimentos de rua estão expostos a condições ambientais agravantes, tais como a presença de insectos, roedores e outros animais e a população do ar. A contaminação cruzada é a contaminação de um produto alimentar a partir de outra fonte. Existem três formas principais de ocorrer a contaminação cruzada: de alimento para alimento, de pessoas para alimento ou de equipamento para alimento. Os alimentos são contaminados por bactérias provenientes de outros alimentos. Este tipo de contaminação cruzada é especialmente perigoso se os alimentos crus entrarem em contacto com alimentos cozinhados. O tipo de contaminação cruzada mais frequentemente implicado em doenças de origem alimentar ocorre quando as bactérias patogénicas são transferidas para alimentos prontos a consumir (Sunita, 2004). Para além disso, a maioria dos vendedores de alimentos ignora as boas práticas de manipulação de alimentos, expondo os alimentos a condições perigosas como a contaminação cruzada (Mosupye e von Holy, 2000). Os equipamentos e utensílios têm muitas oportunidades de serem contaminados e re-contaminados. Sabe-se que foram contaminados com os agentes patogénicos do reservatório humano, roedores e insectos, esgotos que escapam dos canos e drenos defeituosos e água não potável (Sousa, 2008). A contaminação cruzada de carcaças com *Salmonella* também pode ocorrer durante as operações de abate. A contaminação de equipamentos, utensílios e mãos dos trabalhadores pode disseminar *Salmonella* para carcaças e partes não contaminadas, o que pode ocorrer durante o manuseamento, processamento, transporte, armazenamento, distribuição e preparação (Ejeta *et al*, 2004).

CAPÍTULO 3

MATERIAIS E MÉTODOS

3.1. Conceção e localização do estudo

Foi realizado um estudo transversal para avaliar a qualidade microbiológica e a segurança do molho de carne pronto a consumir e da água na cidade de Bahir Dar, entre dezembro de 2010 e junho de 2011. A cidade está localizada a 11^0 36' 0" Norte e 37^0 23' 0 "Este, no lado sul do Lago Tana. A cidade tem uma população total de 256 999 habitantes (CSA, 2010) e é um dos principais destinos turísticos com uma variedade de atracções no Lago Tana e no Rio Nilo Azul, nas proximidades.

3.2. Técnicas de amostragem

O local de estudo foi selecionado propositadamente e um total de 60 amostras de alimentos (30 de manhã e 30 à tarde) foram recolhidas para análise microbiológica. Duzentos gramas de molho de carne foram recolhidos em recipientes de vidro esterilizados e imediatamente transportados para o laboratório de microbiologia da Universidade de Bahir Dar. As amostras foram armazenadas no frigorífico até à realização da análise microbiológica. A análise microbiológica foi efectuada de acordo com os métodos descritos em (Fawole e Oso, 2001). Vinte e cinco gramas do molho de carne homogeneizado foram misturados com 225 ml de água peptonada esterilizada (Oxoid LTD., Basingstoke e Hampshire, Inglaterra) durante 5 minutos num frasco. As amostras preparadas foram utilizadas para a contagem de bactérias mesófilas aeróbias, coliformes totais e *S. aureus*. Para o isolamento de *Salmonella*, os frascos foram incubados a 37° C durante 24 horas para enriquecimento primário. Trinta amostras de água também foram coletadas pela manhã para análise bacteriológica. Foram utilizados métodos padrão para a contagem, isolamento e identificação de bactérias. Foi utilizada uma lista de verificação observacional para recolher dados sobre a higiene pessoal dos vendedores e a avaliação do ambiente de venda automática.

3.3. Enumeração de bactérias em amostras de alimentos

3.3.1. Contagem de mesófilos aeróbios

As contagens de mesófilos aeróbios foram enumeradas em ágar de contagem de placas padrão ((Donwhitley Scientific Eqp. Pvt.Ltd. India) e incubadas a 37° durante um máximo de 48 horas. A contagem total de bactérias mesófilas aeróbias foi determinada utilizando o procedimento descrito por (Azanza, 2°°5). O número de colónias foi contado com um contador de colónias (Stuart Scientific Colony Counter fabricado no Reino Unido). O resultado foi apresentado como média de ufc/g de amostra alimentar analisada.

3.3.2. Contagem de coliformes totais

As contagens totais de coliformes foram enumeradas em ágar MacConkey estéril (Blulux Laboratorie (p) Ltd, Índia) e incubadas a 37° durante um máximo de 48 horas. As contagens totais de coliformes foram determinadas utilizando o procedimento descrito por (Chaiba *et al.*, 2°°7). O número de colónias foi contado com um contador de colónias (Stuart Scientific Colony Counter fabricado no Reino Unido). O resultado foi relatado como média de ufc/g de amostra de alimento analisada.

3.3.3. Contagem de **Staphylococcus aureus**

Vinte e cinco gramas de molho de carne foram então homogeneizados em 225 ml de solução estéril de água peptonada (Oxoid LTD., Basingstoke, and Hampshire, Inglaterra) durante 5 minutos. Esta solução foi utilizada como enriquecimento após 24 horas de incubação a 37°C. O número de colónias foi contado em ágar sal de manitol estéril (Blulux Laboratorie (p) Ltd, Índia) e incubado a 37° durante um máximo de 48 horas. O número de colónias foi contado com um contador de colónias (Stuart Scientific Colony Counter, fabricado no Reino Unido). O resultado foi registado como média de ufc/g de amostra alimentar analisada. As colónias típicas de *S. aureus* (colónias amarelas douradas) foram colhidas, purificadas e preservadas a -4^0 C em placas de ágar nutriente e posteriormente caracterizadas através de uma série de testes bioquímicos.

3.3.4. **Deteção de *Salmonella***

Vinte e cinco gramas de amostras de molho de carne vendidas na rua foram enriquecidas em caldo de cisteína selenito (Oxoid LTD., Basingstoke, and Hampshire, Inglaterra) durante 5 minutos antes da inoculação em ágar sulfito de bismuto estéril (Oxoid LTD., Basingstoke, and Hampshire, Inglaterra). As placas foram incubadas a 37^0 C durante 24 - 48 horas em condições aeróbias. As colónias consideradas como *Salmonella* em ágar sulfito de bismuto foram purificadas e preservadas a -4^0 C em placas de ágar nutriente (Merck KGaA 64271 Darmstadt. Alemanha) e posteriormente confirmadas por caraterização bioquímica.

3.3.5. **Análise bacteriológica da água**

As contagens totais de coliformes da água foram determinadas utilizando vários tubos de ensaio com o método NMP e o caldo Lauryl tryptose com tubos de Durham invertidos (Blulux Laboratorie (p) Ltd, Índia) foi utilizado para os testes presuntivos (Addo *et al.*, 2009). O número de tubos positivos e negativos foi utilizado para o cálculo do número mais provável (NMP/l) utilizando as tabelas de NMP, tal como previsto no procedimento normalizado.

3.3.6. **Observação das práticas de higiene e do ambiente de venda dos vendedores**

Foi utilizada uma lista de verificação observacional para a avaliação da segurança alimentar e das práticas sanitárias dos vendedores com a funcionalidade do ambiente de venda automática.

3.3.7. **Análise de dados**

Os dados foram compilados e analisados com o software Statistical Package for Social Science, versão 16 para Windows (SPSS inc., Chicago, IL, EUA). A análise de variância (ANOVA) de uma via foi utilizada para determinar se existiam diferenças significativas entre as contagens médias da manhã e da tarde e o nível de significância foi fixado em $p < 0,05$. A estatística descritiva foi utilizada para apresentar os dados obtidos através da lista de controlo observacional.

CAPÍTULO 4

Resultados

4.1. Contagem de mesófilos aeróbios

A contagem média de mesófilos aeróbios (AMC) detectada de manhã e à tarde foi de $4{,}16x10^4$ e $4{,}71x10^4$ cfu/g, respetivamente, e o intervalo situou-se entre $2{,}96x10^4$ - $5{,}32x10^4$ cfu/g e $3{,}92x10^4$ - $5{,}80x10^4$ cfu/g (Quadro 1).

Quadro 1: Média, intervalo e limite aceitável da contagem de mesófilos aeróbios (ufc/g) de manhã e à tarde, na cidade de Bahir Dar.

AMC	Morning	Afternoon	P value
Mean	$4{,}16x10^4$	$4{,}71x10^4$	0.00
Range	$2{,}96x10^4$-$5{,}32x10^4$	$3{,}92x10^4$-$5{,}80x10^4$	
Acceptable limit	Not exceeded the acceptable limit		

4.2. Contagem de coliformes

A contagem de coliformes variou entre $2{,}57x10^4$ e $5{,}18x10^4$ cfu/g e $3{,}34x10^4$ - $5{,}86x10^4$ cfu/g (Quadro 2) e as contagens médias entre $4{,}00x10^4$ e $4{,}53x10^4$ cfu/g de manhã e à tarde, respetivamente.

Quadro 2: Média, intervalo e limite aceitável de bactérias coliformes totais (cfu/g) de manhã e à tarde, na cidade de Bahir Dar.

Total coliform	Morning	Afternoon	P value
Mean	$4{,}00x10^4$	$4{,}53x10^4$	0.00
Range	$2{,}57x10^4$-$5{,}18x10^4$	$3{,}34x10^4$-$5{,}86x10^4$	
Acceptable limit	Exceeded the acceptable limit		

3.4. Staphylococcus aureus

A contagem microbiana média de *S. aureus* foi de $3{,}52x10^4$ a $4{,}39x10^4$ cfu/g (Quadro 3) e variou entre $2{,}33x10^4$ - $4{,}40x10^4$ cfu/g e $3{,}48x10^4$ - $5{,}22x10^4$ cfu/g de manhã e à tarde, respetivamente.

Quadro 3: Média, intervalo e limite aceitável de *S. aureus* (cfu/g) de manhã e à tarde, na cidade de Bahir Dar.

S. aureus	Morning	Afternoon	P value
Mean	3.52×10^4	4.39×10^4	0.00
Range	2.33×10^4-4.40×10^4	3.48×10^4-5.22×10^4	
Acceptable limit	Exceeded the acceptable limit		

3.5. Deteção de Salmonella

Foi detectada *Salmonella* em todas as amostras de molho de carne recolhidas na cidade de Bahir Dar de manhã e à tarde

3.6. Exame bacteriológico da água

A presença de bactérias coliformes na água situou-se entre 31 NMP/100 ml e >16OOOMPN/1OO ml e a carga microbiana média de coliformes foi de 2,67 NMP/100 ml (Quadro 4).

Quadro 4: Média, intervalo e limite aceitável de bactérias coliformes totais (NMP/lOO ml) na manhã da amostra de água, cidade de Bahir Dar.

Total coliform	Morning
Mean	2.67MPN/100 ml
Range	31MPN/100 ml- >16000MPN/100 ml
Acceptable limit	Beyond the acceptable limit

3.7. Observação das práticas de higiene e do ambiente de venda dos vendedores

Quadro 5: Práticas de manipulação de alimentos dos vendedores de molho de carne na cidade de Bahir Dar (n = 20).

Statements/parameters	Frequency (%)
Wash food before cooking	7(35%)
Heat food during serving	9 (45%)
Food cooked during sale	12(60%)
Food prepared on the same surface more than once	17(85%)
Food exposed to flies	11(55%)
Food re-heated before sale	10 (50%)
Adequate cooking of the food	4(20%)
Handling money while serving food	19(95%)
Handled food with bare hands	20(100%)

Quadro 6: Higiene pessoal dos vendedores de molho de carne na cidade de Bahir Dar (n = 20).

Statement/parameters	Frequency (%)
Vendors use aprons	2(10%)
Vendors hair covering	3(15%)
Vendors dressed clean	6(30%)
Storage of the prepared foods by vendors	
Proper	8(40%)
Improper	12(60%)
Leftover food management used by vendors	
Throw away	-
Eaten at home	11(55%)
Refrigerated and re-heated	-
Stored for use next day	9 (45%)

How many times water used before replacement by vendors

Once	2(10%)
Twice	5(25%)
Severally	13(65%)
What was used to wash utensils by vendors	
Bucket	6(30%)
Basin	14(70%)

Quadro 7: Avaliação do ambiente de venda automática na cidade de Bahir Dar (n = 20).

Statements/parameters	Frequency (%)
Environment, waste disposal and water supply	
Clean	4(20%)
Dirty	10(50%)
Harbor vectors	6(30%)
Waste disposal	
In bush	1(5%)
In waste bin	5(25%)
Near the vending site	14(70%)
Presence of garbage receptacles	7(35%)
Presence of water containers	9(45%)
Liquid waste disposal	
Open area dumping	5(25%)

To septic tanks	1(5%)
Nearby the vending site	13(70%)
Water supply	
Pipe private	2(10%)
Pipe shared	7(35%)
Pipe neighbors	11(55%)
Latrines facilities	
Flush type	4(20%)
Dry pit latrines	6(30%)
Open latrines around the vending area	10(50%)

CAPÍTULO 5

Discussão

A contagem total de colónias de AMC obtida neste estudo foi ilustrada na (Tabela 1). Houve uma diferença significativa (p=0,00) na contagem de mesófilos aeróbios detectada de manhã e à tarde. O AMC do molho de carne analisado não excedeu a linha de orientação típica do valor AMC fixado em $<10^5$ cfu/g para produtos alimentares prontos a consumir. De acordo com a Food and Agricultural Organization (Bukar *et al.*, 2010), o limite padrão para AMC deve ser inferior a 10^5 cfu/g. Neste estudo, os resultados foram inferiores ao limite padrão de manhã e à tarde. Do mesmo modo, as qualidades microbiológicas dos produtos de carne de bovino transformados (prontos a comer) revelaram uma contagem de $3,3\times10^4$ para a contagem total de placas aeróbias (Ologhobo *et al.*, 2010). Isto também está de acordo com o resultado de Okonko *et al.*, (2010) que varia entre $2,62\times10^4$ e $4,48\times10^4$ cfu/g. Ao comparar a contaminação bacteriana de manhã e à tarde, a análise de variância unidirecional indica uma diferença significativa (p=0,00). Esta diferença deve-se, sobretudo, a um tempo de armazenamento incorreto. Da mesma forma, Tambekar *et al.*, (2008) relataram que os alimentos que foram preparados muito antes do consumo estavam mais contaminados do que os alimentos preparados imediatamente antes do consumo.

A presença de bactérias coliformes em alimentos prontos a consumir indica condições não higiénicas durante o processamento, manuseamento e distribuição ou contaminação pós-processamento. As contagens totais de coliformes do molho de carne e a provável presença na água foram apresentadas nas (Tabela 2 e 4). O resultado mostra uma diferença significativa nas médias de contagem de coliformes de manhã e à tarde (p=0,00). Esta variação pode dever-se ao facto de os vendedores de comida de rua comprarem a carne e a prepararem de manhã cedo. A carne era cozinhada e armazenada à temperatura ambiente, o que levava à exposição do alimento a poeiras, moscas e outros vectores do ambiente circundante. A presença de coliformes pode ser atribuída à utilização de água contaminada em diferentes fases do processamento

(Hamdan *et al.*, 2008). Um relatório semelhante foi registado em Accra com a contagem média mais elevada de coliformes (5,12logiocfu/g) (Agbodaze *et al.*, 2005). De forma correspondente, a contagem média de coliformes totais em carne fresca Okonko *et al.*, (2010) variou entre 2,24x10⁴ e 5,0x10⁴ cfu/g. Estes valores ultrapassam o limite aceitável de 10^3 ufc/g para a contagem de coliformes. A contagem microbiológica do molho de carne dos vendedores de comida de rua é mais elevada para a carne que parece crua no interior (van Kampen *et al.*, 1998). Agbodaze *et al.* (2005) registou uma contagem média de coliformes de 3,70log10 ufc/g na amostra de khebab analisada. Um nível elevado de contaminação por coliformes indica que o ingrediente ou o produto tem uma má higiene pessoal. A contaminação microbiana, as práticas anti-higiénicas e a falta de instalações básicas, incluindo água potável, são alguns dos muitos problemas associados à venda ambulante de comida, conforme discutido (OMS, 1996).

O resultado da análise da água para coliformes foi indicado no (Quadro 2) e a média de organismos indicadores na água (coliformes) está a exceder o limite padrão que é de 2,67 NMP/100 ml de água. A norma da OMS para água potável estabelece que a amostra de água deve ter um valor de NMP de 2,2 NMP/100 ml de água (Addo *et al.*, 2009). Um resultado semelhante foi registado por Lues et al., (2006) que utilizaram vários meios de obtenção de água, tendo a água recolhida de manhã sido utilizada até ao fim do dia. A água contaminada inicial utilizada para lavar a carne crua é também utilizada para as mãos e os utensílios utilizados na produção. A água é um dos principais meios de propagação dos coliformes e da *E.coli*. Esta é a razão pela qual a amostra de água foi examinada para a deteção de coliformes. A Etiópia é o pior de todos os problemas de qualidade da água. Tem a cobertura mais baixa de abastecimento de água e saneamento nos países subsarianos, com apenas 42% e 28% para abastecimento de água e saneamento, respetivamente (Milkiyas *et al.*, 2011).

A contagem microbiana média de *S. aureus* no molho de carne foi designada na (Tabela 3). Registaram-se diferenças significativas (p=0,00) nas contagens médias de *S. aureus de* manhã e à tarde. Esta disparidade resulta do tempo de armazenamento incorreto, do manuseamento e da exposição a contaminantes ambientais à temperatura ambiente durante um longo período antes de ser servido. *O S. aureus* é frequentemente isolado do molho de carne analisado. Isto deve-se à elevada contagem média do organismo, que ultrapassa o limite aceitável para *S. aureus*, que é inferior a 10^2 cfu/g. Clarence *et al.*, (2009) mostraram uma contagem de *S. aureus* de 2,5x10^4 a 4,0x10^4 ufc/g de tarte de carne. De acordo com Ologhobo *et al.*, (2010) *S. aureus* de suya de carne de vaca pronta a comer antes e depois de assada continha 10^2 e 10^4 /g, respetivamente. Isto indica que a contaminação subsequente pode dever-se a um manuseamento incorreto por parte dos vendedores. Especialmente as mãos podem ser fonte de contaminação se estiverem presentes cortes infectados (Podpecan *et al.*, 2007).

A Salmonella foi detectada em todas as amostras de molho de carne recolhidas na cidade de Bahir Dar de manhã e à tarde. Os alimentos de origem animal são considerados as principais fontes de salmonelose de origem alimentar (Bayleyegn *et al.*, 2003). A presença de *Salmonella* spp. em alimentos cozinhados é frequentemente atribuída à refrigeração inadequada, ao saneamento e à falta de higiene pessoal. A proliferação deste organismo nos alimentos pode, portanto, resultar da manipulação de alimentos cozinhados por trabalhadores que são portadores de *Salmonella* (Lues *et al.*, 2006). O manuseamento incorreto do molho de carne e dos utensílios pelos manipuladores de alimentos durante a preparação e o serviço alarma a presença do organismo. Isto está de acordo com o resultado de Molla e Mesfin, (2003) que afirma que a contaminação cruzada das mãos dos trabalhadores, do equipamento de trabalho e dos utensílios. Karaboz e Dincer (2002) registam o mesmo resultado em produtos de carne congelada. A contaminação cruzada das mãos dos trabalhadores, do equipamento de trabalho e dos utensílios poderia também servir como meio de propagação de Salmonella a carcaças e miudezas não contaminadas. Mohammed et al., (2009) salientam que *a Salmonella* pet representa uma ameaça para o ser humano e que os profissionais do sector público devem considerar a *Salmonella* como um meio potencial de transmissão. A propagação de *Salmonella* na carne durante o abate e a preparação é mais comum. Okonko *et al.*, (2010) concordaram com este resultado. A contaminação de alimentos prontos a comer pode eventualmente afetar a saúde dos consumidores. Este facto foi ilustrado pela presença de organismos indicadores. A doença causada por *Salmonella* é um grande problema de saúde nos países em desenvolvimento (Ásia, África); especialmente na Etiópia, devido às más condições sanitárias e à falta de água potável e alimentos inadequados (Okonko *et al.*, 2010 e Molla e Mesfin, 2003). Além disso, foram registados na Etiópia surtos de infecções de alguma forma relacionadas com a falta de higiene e o consumo de alimentos contaminados, algures causados por *Salmonella* e *Shigella* (Haimanot etal., 2010).

Os manipuladores de alimentos são um veículo importante para os microrganismos e as práticas incorrectas de manipulação podem causar a contaminação dos alimentos e, consequentemente, doenças de origem alimentar aos consumidores. As causas das práticas incorrectas de manipulação dos alimentos podem estar relacionadas com a falta de instalações ou com a falta de conhecimentos sobre hábitos de higiene. Este estudo avaliou as práticas de manuseamento de alimentos dos vendedores, como se pode ver na Tabela 5. Apenas 35% dos vendedores lavam os alimentos antes de os cozinharem. Verificou-se que 85% dos vendedores preparavam os alimentos na mesma superfície mais do que uma vez. Dos vendedores, 95% manuseavam os alimentos com as mãos nuas, enquanto 100% manuseavam dinheiro enquanto serviam a comida. A comida de rua cozinhada não deve ser manuseada com as mãos nuas. De acordo com as directrizes revistas para a conceção de medidas de controlo dos alimentos vendidos na rua em África (FAO, 1997), devem usar-se pinças, garfos, colheres ou luvas descartáveis limpas ao manusear, servir ou vender alimentos. O manuseamento com as mãos desprotegidas pode resultar em contaminação cruzada e, consequentemente, na introdução de micróbios em alimentos seguros. A pessoa que manuseia dinheiro não deve manusear alimentos. Isto deve-se ao facto de o dinheiro estar sujo e poder contaminar os alimentos seguros (FAO, 1997). A contaminação do equipamento, dos utensílios e das mãos dos trabalhadores pode espalhar agentes patogénicos para a carcaça e partes não contaminadas com o subsequente processamento, transporte, armazenamento, distribuição e preparação para consumo (Ejeta *et al.*, 2004). Com base na lista de controlo observacional, os vendedores não pareciam estar limpos durante o serviço (30%) e não estavam vestidos de forma adequada, nem usavam aventais (10%) e protectores de cabeça (15%) (Quadro 6). Dado que o cabelo é conhecido por albergar *S. aureus*, é essencial evitar que o cabelo solto caia sobre os alimentos ou as zonas de preparação dos alimentos. Cerca de 50% dos vendedores afirmaram que o local de venda estava sujo e que os resíduos estavam visivelmente perto das bancas, e ainda 70% dos vendedores deitaram águas residuais ao lado das bancas, tornando o ambiente em redor dos restaurantes bastante sujo (Quadro 7). A água para a preparação da comida de rua não era suficiente. Um resultado semelhante foi registado em Accra, no Gana, sobre a segurança da comida vendida na rua, uma vez que a água corrente é limitada (Mensah *et al.*, 2002). Isto fez com que os vendedores utilizassem pouca água para lavar os utensílios, comprometendo assim a higiene. Os vendedores dispunham de contentores abertos para a eliminação do lixo. Não havia um sistema de drenagem para canalizar as águas residuais da área de venda dos alimentos. Verificou-se que os alimentos eram preparados na mesma superfície mais de duas vezes sem serem substituídos.

CAPÍTULO 6

CONCLUSÃO E RECOMENDAÇÕES

Com base no presente estudo, pode concluir-se que o molho de carne vendido na rua em Bahir Dar não é seguro para consumo, especialmente se for armazenado durante longos períodos. O elevado nível de contaminação por coliformes e S. aureus indica que o ingrediente ou o produto não foi objeto de saneamento e higiene pessoal adequados. As contagens e, mais importante ainda, os tipos de microrganismos presentes no molho de carne amostrado neste estudo são indicativos de um certo grau de ignorância relativamente a práticas de higiene adequadas por parte dos manipuladores de alimentos. Por conseguinte, é necessário reduzir os problemas de contaminação da comida de rua, o crescimento de microrganismos e a intoxicação, através da educação dos vendedores de comida de rua e do público sobre a importância do saneamento ambiental e das práticas seguras na manipulação de alimentos cozinhados.

CAPÍTULO 7

REFERÊNCIAS

Abdalla, M.A., S.E. Suliman e A.O. Bakhiet, 2009.Conhecimentos e práticas de segurança alimentar dos vendedores de comida de rua na cidade de Atbara (Estado de Naher Elmeel, Sudão).*African Journal of Biotechnology.* 8(24):6967-6971.

Abdalla, M.A., S.E. Suliman, H.A. Alian e O.B. Amel, 2008. Conhecimentos e práticas de segurança alimentar dos vendedores de comida de rua na cidade de Cartum. *Sud. J. Vet.Sci. Objetivo. Husb.* 47(1&2): 126-131.

Abel, T. 2010.Application and use of GIS in small sanitation projects in developing countries. *Ciência aplicada da Universidade de Tampere* .1-36.

Addo, K.K., G.I.Mensah, D.B. Bonsu e M.L.Akyeh, 2009.Bacteriological quality of bottled water sold on the Ghanain market. *Jornal Africano de Alimentação, Nutrição e Desenvolvimento Agrícola.* 9(6):1379-1387.

Agbodaze, D., P.N. Nmai, F.C. Robertson, D.Y. Manu, K.O.Darko e K.K. Addo, 2005. Qualidade microbiológica de Khebabconsumido na metrópole de Accra.*Ghana Medical Journal.* 39(2):46-49.

Alemayehu, D. Molla, B.e Muckle, A. 2002. Prevalência e resistência antimicrobiana de *Salmonella* isolada de gado abatido aparentemente saudável na Etiópia. Trop. Anl. Hlth. Prod. 35: 309-316.

Alyaaqoubi, S.M., N.A. Sani e A. Abdullah, 2009. Qualidade microbiológica de alimentos seleccionados prontos a comer no distrito de Hulu Langat, Malásia. *Ciência Alimentar* .421-433.

Arambulo,p., R, Claudio C.S. Juan e J.B. Albino, 1994.Street foods vending in Latin America *Street Food Vending.* 28(4): 344-354.

Ashenafi, M. 1995. Perfil bacteriológico e temperatura de conservação de produtos alimentares prontos a servir num mercado aberto em Awassa, Etiópia. *Trop. Geog. Med.* 47:1-4.

Aslam, A., I.Mariam, I.Haq e S.Ali, 2000. Microbiologia da carne de bovino picada crua. *Jornal de Biotecnologia do Paquistão.* 3(8): 1341-1342.

Aycicek, H., H. Aydofan, A. Kucukkaraaslan, M. Baysallar e A.C. Baoustaoflu, 2004. Avaliação da contaminação bacteriana nas mãos de manipuladores de alimentos hospitalares.*Food Control.* 15:253-259.

Azanza, P.V., 2005. Contagem de placas aeróbias de alimentos prontos a comer das Filipinas provenientes de estabelecimentos de take-away. *Journal of Food Safety* .25:80-97.

Badrie, N.A. Josph e A.Chen, 2003. An observational study of food safety practices by street vendors and microbiological quality of street-purchased hamburger beef patties in Trinidad, West Indies. *Internet Journal of Food Safety.* 3:25-31.

Barro, N., B.A. Razack, I. Yollande, S. Aly, D.C.Amadou, N.A. Tidiane, D.S. Comlan e T.A. Sababenedjo, 2007. Melhoria dos alimentos vendidos na rua: mecanismos de contaminação e aplicação de uma estratégia objetiva de segurança alimentar: Revisão crítica. *Jornal de Nutrição do Paquistão.* 6(1): 1-10.

Batz, M.B.,M.P.Doyle, J.B.Morris, J.Painter, R. Signh e R.V.Tauxe, 2005.Attributing illness to foods emerging infectious disease. *Journal of Food Protection.* 1: 993-999.

Bayeh, A. Fantahun, B. e Blay, B. 2010. Prevalência de Salmonella typhi e parasitas intestinais entre os manipuladores de alimentos na cidade de BahirDar, Noroeste da Etiópia. *Ethiop J. Health Dev.* 24(1):4 6-50.

Bayleyegn, M. Danniel, A. e Woubit, S.2003. Fontes e distribuição de serótipos de *Salmonella* isolados de animais de alimentação, pessoal de matadouros e produtos de carne a retalho na Etiópia, 1997-2002. *Ethiop J. Health Dev.* 13(1): 63-70.

Bryan, F.L., M. Jermini, R. Schmitt, E.N. Chilufya, M. Mwanta, A. Matoba, E. Mfume e H. Chibiya, 1997. Riscos associados à conservação e reaquecimento de alimentos em locais de venda automática numa pequena cidade da Zâmbia. *Journal of Food Protection.* 60: 391-398.

Bryan, F.L., S.C. Michanie, P. Alvarez e A. Paniagua, 1988. Pontos críticos de controlo dos alimentos vendidos nas ruas da República Dominicana. *Journal of Food Protection.* 51: 373-383.

Bryan, M.B., M.C. Voiel e M.M. Finkel, 2003. Segurança dos alimentos preparados pelos vendedores: Avaliação de 10 vendedores ambulantes de alimentos em Manhattan. *Relatórios de Saúde Pública.* 118:470-476.

Bukar, A., A. Uba e T.I. Oyeyi, 2010. Ocorrência de algumas bactérias enteropatogénicas em alguns alimentos minimamente e totalmente processados prontos a comer na metrópole de Kkano, Nigéria. *Jornal Africano de Ciência Alimentar.* 4(2): 32-36.

Chaiba, A., F.F.Rhazi, A, Chahlaoui, R.B. Soulaymani e M. Zerouni, 2007. Qualidade microbiológica da carne de aves de capoeira no mercado de Meknes (Marrocos). *Internet Journal of Food Safety.* 9:67-71.

Clarence, S.Y., C.N. Obinna e N.C. Shalom, 2009. Avaliação da qualidade bacteriológica de alimentos prontos a comer (tarte de carne) na metrópole de Benim, Nigéria. *Jornal Africano de Investigaçao Microbiológica.* 3(6): 390-395.

Conforto, C.O., 2010. Segurança alimentar e práticas de higiene dos vendedores de comida de rua em Owerri, Nigéria. *Estudos em Sociologia da Ciência.* 1(1): 50-57.

Ejeta, G. Molla, B. Alemayehu, D. e Muckle, A.2004. Serotipo de *Salmonella* isolado de carne picada de vaca, carneiro e porco em Addis Ababa, Etiópia *Revue Med. Vet.* 155 (11): 547-551.

Ekanem, E.O., 1998. O comércio de comida de rua em África: Questões de segurança e questões socio-ambientais. *Food Control.* 9(4): 211-215.

FAO, 1997. Alimentos de rua: Relatórios de uma reunião técnica da FAO sobre alimentos de rua, Calcutá, Índia, 6-9 de novembro de 1995. *FAO FoodNutr.* 63:2-24.

Fawole,M.O. e B.A. Oso, 2001. Laboratory manual of Microbiology: Edição revista spectrum books Ltd, Ibadan, 118-127.

Fisseha, G. Berhane, Y. e Teka, G. 1999. Estabelecimentos públicos de restauração em Addis Abeba: Instalações físicas e sanitárias. *Ethiop. J. Health Dev.* 13(2):127-134.

FAO, 1990. Comida de rua: Relatório de uma consulta de peritos da FAO. Jogjakarta, Indonésia. 5-7 de dezembro de 1988. *FAO FoodNutr.* 46:3-30.

Haimanot, T.Alemseged, A. Getenet, B. e Solomon, G. 2010. Flora microbiana e agentes patogénicos de origem alimentar em carne picada e a sua suscetibilidade a agentes antimicrobianos. *Ethiop J. Health Sci.* 20(3): 1-7.

Hamdan, R.H., N.Musa, L.S. Wei e A.Sarman, 2008. Isolamento e enumeração de bactérias coliformes e *Salmonella* spp. da amêijoa *Orbicularia orbiculata* de pescoço curto em East Cost, Malásia. *Jornal Internacional de Segurança Alimentar.* 10:58-64.

Hamdan, R.H., N. Musa, L.S. Wei e A. Surman, 2008. Isolamento e enumeração de bactérias coliformes e *Salmonella* spp. da amêijoa de pescoço curto *Orbicularia orbiculata na* costa leste da Malásia. *Jornal Internacional de Segurança Alimentar.* 10; 58-64.

Hanashiro,A., M. Morita, G.R. Matte, M.H. Matte e E.A. Torres, 2005. Qualidade microbiológica de alimentos de rua selecionados de uma área restrita da cidade de São Paulo, Brasil. *Food Control.* 16:439-444.

Helen, H.J. L.J.Unnevehr, I.Miguel e S.Gomez, 1998.The costs of improving food safety in the meat sector. *Centro de Desenvolvimento Agrícola e Rural*. 96:1-16.

James, J.M., 2000.Modern Microbiology. 6th Ed. Aspen publication, Inc. Gaithersburg, Maryland.

Karaboz,I., e B. Dincer. 2002. Investigações microbiológicas sobre algumas das carnes congeladas comerciais em Izmir. *Turkish Electronic Journal of Biotecnology*. 18-23.

Kinfe, Z,e Abera, K. 2007. Condições sanitárias dos estabelecimentos alimentares na cidade de Mekelle, no norte da Etiópia. *Ethiop. J. Health Dev.* 2191): 3-11.

Lues, J.R., M.R. Rasephei, P. Venter e M.M. Theron, 2006. Avaliação da segurança alimentar e das práticas de manuseamento de alimentos associadas à venda ambulante de alimentos. *Jornal Internacional* de *Investigação em Saúde Ambiental*. 16(5): 319-328.

Milkiyas, T. Mulugeta, K. e Bayeh, A. 2011. Qualidade bacteriológica e físico-química da água potável e práticas de higiene-saneamento dos consumidores na cidade de Bahir Dar, Etiópia. *Ethiop J. Health Sci.* 22(1): 1-8.

Moges, D. 2008.Land surface representation for regional rainfall-runorr modeling, Upper Blue Nile Basin, Ethiopia. *Instituto Internacional de Ciência da Geoinformação e Observação da Terra* .1-16.

Mohamed,F., N.F.Gomaa e W. M. Bakr, 2009. Avaliação das instalações de lavagem das mãos, da higiene pessoal e da qualidade bacteriológica das lavagens das mãos em algumas mercearias e lojas de lacticínios em Aleandria, Egipto. *JEgyptPublic Health Assoc.* 84(1&2):71-93.

Mohammad,M., D. Sultan, T. Mohanz, G. Latif, M. Shabna, S. Maryam e B.Rounak, 2009. Caracterização dos padrões de resistência aos antibióticos dos serótipos de *Salmonella* isolados de amostras de carne de vaca e de frango em Teerão.

Junidishapur Journal of Microbiology. 2(4):124- 131.

Mohammed,A.A., I.R. Rajput, M. Khshkli, S. Frazs e S.A. Fazlani, 2010.Avaliação da qualidade microbiana da carne de cabra nos mercados locais de Tandojam. *Jornal de Nutrição do Paquistão.* 9(3): 287-290.

Molla,B.and Mesfi, A. 2003.A survey of *Salmonella* contamination in chicken carcass and giblets in Central Ethiopia. *Revue. Med.Vet.* 154(4): 267-270.

Mosupye, F.M., e A. von Holy, 1999. Qualidade microbiológica e segurança de alimentos prontos a comer vendidos na rua em Joanesburgo, África do Sul. *Journal of Food Protection.* 62:1278-1284.

Mosupye, F.M., e A. von Holy, 2000. Identificação de riscos microbiológicos e avaliação da exposição à venda ambulante de alimentos em Joanesburgo, África do Sul. *Jornal Internacional de Microbiologia Alimentar.* 61:137-145.

Muleta, D. e Ashenafi, M. 2001. *Salmonella, Shigella* e potencial de crescimento de outros agentes patogénicos de origem alimentar em alimentos vendidos nas ruas da Etiópia. *Jornal Médico da África Oriental.*78 (11):576-580.

Nychas,G.E. P.N. Skandamis, C.C. Tassou e K.P. Koutsmanis, 2008.Meat spoilage during distribution. *V/ea/ Science.* 78:77-79.

Ohiokpehai, O., 2003. Aspectos nutricionais da comida de rua em Bostwana. *Jornal de Nutrição do Paquistão.* 2(2): 76-81.

Okonko, I.O., I.S, Ikpoh, A.O. Nkang, A.O.Udeze, T.A. Babalola, O.K. Mejeha, e E.A. Fajobi, 2010. Avaliação da qualidade bacteriológica de carnes frescas na metrópole de Calabar, Nigéria. *Jornal Eletrónico de Química Ambiental-Agrícola e Alimentar.* 9(1): 89-100.

Ollivierraa, C.B., e N. Badrie, 2007. Práticas higiénicas dos vendedores de comida de rua Doubles and public perception of vending practices in Trinida, West Indies. *Jornal de Segurança Alimentar.* 22(10): 66-71.

Ologhobo, A.D., A.B. Omojola, S.T. Ofongo, S. Moiforay e M. Jibir, 2010. Segurança dos produtos de carne vendidos na rua - Suya de frango e de vaca. *Jornal Africano de Biotecnologia.* 9(26): 4091-4095.

Olusegun, A.O., and I.G. Ntuen, 2011.Storage and preservation of meat: a general appraisal and potential of lactic acid bacteria as biological preservatives. *Revista Internacional de Investigação em Biotecnologia.*2 (1):33-46.

Podpecan, B., A. Pengov e S. Vadnjal, 2007. A fonte de contaminação da carne moída para a produção de produtos à base de carne com a bactéria *Staphylococcus aureus. Slov. Vet. Res.* 44(1&2): 25-30.

Prescott, L.N., J.P. Harley e D.A. Klein, 2008. Microbiologia. 7th edition. McGraw Hill. 939941.

Rantsiouck,C.L., and D.Ercolini, 2008.Fermented meat products, in molecular techniques in the microbial ecology of fermented foods. Nova Iorque. Springer, 91-118.

Rao, V.A., G. Thulasi e S.W. Ruban, 2009. Características da qualidade da carne de búfalos não descritos afectadas pela idade e pelo sexo. *World Applied Science Journal.*1058-1065.

Rombouts, F.M., e R. Nout, 1994. Microbiologia e higiene alimentar. *Encyclopedia* of Human Biology Academic Press, xxx: 661-665.

Sousa, C.P., 2008.O impacto das práticas de fabrico de alimentos nas doenças de origem alimentar. *Arquivos brasileiros de biologia e tecnologia.* 51(4): 815-823.

Sunita, M., 2004. Segurança alimentar e nutricional nos países em desenvolvimento: Um estudo de caso da cidade de Varanasi na Índia. *Nutrition Science.*1-5.

Sunita, M., 2007. Aspectos de segurança da comida de rua: Um estudo de caso da cidade de Varanasi. *Indian J. Prev. Soc. Med.* 38(1&2):1-4.

Tambekar, D.H., V.J. Jaiswal, D.V. Dnanorkar, P.B. Gulhane e M.N. Dudhane, 2008.

Identificação de riscos microbiológicos e segurança de alimentos prontos a comer vendidos nas ruas da cidade de Amravati, Índia. *Journal of Applied Biosciences*. 7: 195-201.

Tegegne, M. e Ashenafi, M. 1998. Carga microbiana e incidência de espécies de *Salmonella* em Kitfo, prato tradicional etíope de carne picada condimentada. *Ethiop. J. Health Dev.* 12:135-140.

Umoh, V.J., e M.B. Odoba, 1999. Avaliação da segurança e qualidade dos alimentos de rua vendidos em Zaria, Nigéria. *Food Control*. 10: 9-14.

Van Kampen, V.J., R. Gross, W. Schultink e A. Usfar, 1998. A qualidade microbiológica da comida de rua em Jacarta em comparação com a comida preparada em casa e a comida dos hotéis turísticos. *International Journal of Food Science and Nutrition*. 49: 17-26.

OMS, 1992. Requisitos essenciais de segurança para alimentos vendidos na rua. Organização Mundial de Saúde, *Unidade de Segurança Alimentar*, p.5.

Winarno, F.G., e A. Allian, 1991. Street foods in developing countries: lesson from Asia. J *FoodNutrit.Agric, FNA/ANA,* 1(1):11-18.

OMS, 1996. Requisitos essenciais de segurança para alimentos vendidos na rua. *Unidade de Segurança Alimentar*, Divisão de Alimentação e Nutrição, OMS/FNU/FOS/96.7.

I want morebooks!

Buy your books fast and straightforward online - at one of world's fastest growing online book stores! Environmentally sound due to Print-on-Demand technologies.

Buy your books online at
www.morebooks.shop

Compre os seus livros mais rápido e diretamente na internet, em uma das livrarias on-line com o maior crescimento no mundo! Produção que protege o meio ambiente através das tecnologias de impressão sob demanda.

Compre os seus livros on-line em
www.morebooks.shop

Printed by Books on Demand GmbH, Norderstedt / Germany